园艺·家

我是园艺高手

阳台小花园
创意改造记

著名园艺专家 日本FG武藏 著
黄慧敏 译

中国农业出版社
北京

目　录

造园课程开始啦：从一盆花开始改造阳台花园

无论是咖啡馆桌子上插着的一枝花，
还是花店门前争奇斗艳的各色花卉，
亦或是散步的小路上一年四季都有着新面孔的小花小草……

无意间映入我们眼帘的花草植物可以带给我们心灵上的抚慰。
你是否想过将那一抹鲜艳的色彩，
收进自己的私人空间呢？

当听到"园艺"这个专业词语时，你是否觉得难度太高有些望而却步了呢？

请不要担心，这本书首先会一步一步地带你认识不同种类的植物。

爱上植物，不知不觉中，
待在阳台的时间多了起来，
在照顾植物的时候你会感到其乐无穷，
甚至会觉得眼界都变得更开阔了。

一点点地增加植物的数量，打造出自己专属的小花园

当你与一株植物面对面时，一定会发现点什么。

植物如果能够顺顺利利地茁壮成长，说明你选对了种类，养护的方法也没有问题！

那么，可以继续增加同样能适应当前环境的植物了，相信你一定能够照顾好它们。

倘若种下的植物长势欠佳，你可以尝试找找原因，是阳台的光照条件不够好，还是通风不太好呢？

从一株植物身上学到的东西，可比你想象中的多得多呢。

有了自信之后，
可以尝试增加同一种类的不同植物，
甚至去挑战一下混栽也是很不错的。

一段时间过后，
你会惊喜地发现阳台的景色变得不一样了。
可供休憩的小花园就这样完成了。

我是园艺高手　阳台小花园创意改造记　9

　　选品种：选择与自己气质最符合的植物，这样，植物和人才能相看两不厌。

　　选容器：不同的植物需要最适合它们的容器来种植，植物与容器相得益彰，花园才会越来越美丽。

　　选工具：好用的工具，能让我们的园艺生活更加充满乐趣！

PART 1
做好简单的准备工作：
品种、容器、工具

气味相投：你喜欢什么气质的植物

『你会在自己身边放上什么样的植物呢？挑选与自己性情相投的植物，为自己的生活空间增添一点色彩吧！』

现在不会只是在花店里才能看到花花草草了，

你可以在各种各样的店里找到植物的身影。

然而，买回来不难，要养好却不容易，

相信不少人都有过"明明好好的，却被自己养死了"的

经历吧。

不要灰心，本书将为你介绍"多肉植物""彩叶植物"以

及"秋冬花草"的养护知识，

看完本书，相信你一定可以找到与自己性情相投的植物。

多肉植物

多肉植物最适合的人群：

● 喜欢有个性的植物

● 不喜欢每天浇水

● 想打造酷炫风的小花园

● 喜欢足够独特的花盆

● 喜欢和其他装饰品放在一起相映成趣的植物

我们虽然很有个性，但是我们能展现出各种风格，人见人爱！

"不需要花很多时间打理，
我一整年都是生机勃勃的！"

彩叶植物

彩叶植物最适合的人群：

● 喜欢"有气质"的植物
● 虽然不能提供良好的光照条件，
  但是也想感受侍弄花草的乐趣
● 希望植物能长时间地保持漂亮的色彩
● 不擅长照顾花草，不懂施肥、不会摘残花等
● 希望自己所处的空间五彩斑斓

"如果你喜欢阳台的花草有着纤柔细腻的触感，
那还不快快选我！"

适合园艺新手的秋冬花草

秋冬花草最适合的人群：

● 想从简单的品种开始入手
● 想从植物的变化中感受季节变迁
● 想要获得种花的成就感
● 想尝试混栽
● 想把阳台变得更可爱

给植物一个舒适的家：挑选合适的容器

『同样的植物使用不同的花盆会带来不一样的感觉，可以根据自己的喜好结合实际用途来挑选。』

即便是生活中常见的品种，

只要换上一个充满设计感的个性花盆，

就能立刻"变身"，变得魅力十足。

另外，挑选花盆还需要注意材质不同

导致的功能差异，

可以根据植物给人的感觉、植物的形态、

想要装饰的场所、

周围的环境等找出最优组合。

经典简约
红陶花盆

红陶盆是一种非常简约的花盆，使用最为广泛。尺寸以及设计形式多种多样，适合喜欢用同类型的花盆营造出同种氛围的园艺爱好者。另外，红陶盆的特点之一就是透气性很好。图片中的红陶盆稍微发白，是刻了字的时髦款式。

标准盆

种植蔬菜和香草时常常使用这种样式的花盆。

圆形深盆

这种花盆比较深，适合种植直根系或大株的植物。

大型方盆

这种花盆可以放入很多泥土，适合混栽或者大量种植同一品种的植物。

想张扬个性可以选择
彩色花盆

为了更好地衬托植物的色彩，人们总是倾向于选择自然材质的本色花盆或者白色的花盆。但现在市面上彩色花盆已经比比皆是，不如大胆地试试用彩盆做搭配吧！图片中的彩盆采用的是可降解为泥土的环保材料。

喜欢自然格调可以选择
木制花盆

图片中所展示的木制容器的底部透气性、排水性都非常好，所以适合种植根系发达的植物。这种大花盆不仅适合用来打造家庭小菜园，还可以种树、混栽等，可以满足大容量的种植需求。

可以"伪装"成庭院花坛砖墙一部分的
砖纹花盆

如果想在自家阳台营造出如花坛一般的感觉，那么可以试试这种设计独特的砖纹花盆。采用的是树脂材质，不必担心会被摔坏，拾掇起来也不费事。

可以成为立体装饰品的
壁挂花盆

自带钩子或者钩孔的花盆可以挂在墙上。在阳台的墙面上挂上几个这样的壁挂花盆，最有吸引力的一角就诞生了。

轻巧方便的
树脂材质大花盆

使用树脂材料制作的大花盆搬起来很轻松，价格也不贵。也不会一摔就碎，称得上是物美价廉。颜色形状各异、设计感强的树脂花盆，有时还会被错认为是素烧陶盆呢。

可以营造高低错落
美感的垂吊式花盆

种在垂吊式花盆或篮子里的植物，选择起来也是有讲究的。推荐在垂吊型容器内种植茎叶散开、自然垂落的藤蔓植物或者匍匐植物。不过可别让垂落的"天然帘子"影响了室内的光线，注意保持植物与环境之间的和谐、协调。

工之利器：准备好用的造园工具

『园艺工具备齐了当然会方便很多，但暂时没有也不碍事。盆栽慢慢变多之后，再来准备也不迟』。

浇　水

无论什么植物都需要浇水。植物数量多，花盆较大的话，使用大容量的莲蓬头式喷水壶更加方便。

这是最简单的莲蓬式洒水壶。莲蓬头可以自由取下，建议根据自己的浇水方式进行选择，需要全面喷淋的时候可以装上莲蓬头，直接朝植株根部浇水时取下莲蓬头即可。

这种二合一浇水壶结合了喷射器与莲蓬头的优点，非常方便。鲜艳的颜色使其放在阳台一角也自成一景。

需要喷雾状浇水时会用到这样的压缩喷射器。除了浇水之外，还可以用于防虫药剂的喷洒。

园艺手持式压缩喷雾器

养 护

除了浇水用具之外，最有必要买的就是翻土和修剪所需的工具了。在考虑移栽或者混栽时需要把这些工具都事先准备好。

不希望因为翻土而把手弄脏的人可以备上一副园艺手套。挑选自己喜欢的图案吧！

修剪枝叶以及收获果实的时候需要用到的园艺剪刀。徒手折枝容易伤到植物，有了园艺剪刀就不用担心了。

换盆时装土以及平时松土的时候"大显身手"的铲子。最开始买一把小尺寸的就够用了。

展 示

用心挑选花盆固然重要，小范围环境的整理也不容忽视，做好这一点，相信你将更能体会到园艺的乐趣。以下工具能够更好地衬托植物。

只不过是把花盆放在了比较高的架子上，整体立刻变得更引人注目了！

在每一个分格的位置上摆上迷你小盆栽，还可以放上其他物品作装饰，营造出商店的货架琳琅满目的丰富感。

有了这样比较宽的木台，即使盆栽变多也不用担心位置不够。对于不想让掉落的泥土弄脏阳台地板的人来说，拥有这样的木台会方便很多。

喜欢简约典雅风格，

还是喜欢自然清新风格？

或者更青睐成熟恬静风格？

花园的风格，千人千面，没有最好的，只有最适合的。

PART 2
选择适合你的花园风格：
看看园艺师家里的美好花园

植物的数量虽少，只要加入几盆颜色鲜艳的花就能使整个画面变得清新明丽。

以铁皮材料和绿色环保为中心的

简约典雅风格

——樱井小姐的家

　　一点一点地让植物融入自己的生活空间，看着它们慢慢长大，你是否感觉到其中的妙趣？慢慢地，你的阳台也会收获别人的赞赏，变得人人称羡。为了让大家的阳台或露台能发挥更大的作用，在此，向大家介绍如何才能实现空间利用的最大化。

　　"黑法师"是一种会"噌噌噌"地往上蹿的多肉植物。不需占用太大的空间，随意地放在角落也会非常引人注目，黑紫色的叶子为它加分不少。

　　如果阳台是狭长的，可以充分利用墙壁来布置植物，避免占用过道的空间。

重点突出独特的彩叶植物

　　樱井小姐的花园整体呈现出一种典雅色调，在花园各处可见叶子颜色非常特别的植物。和花儿不同，照顾这些植物不需要花费太多心思，它们的颜色浓淡相宜，令人心生喜爱。

①头花蓼充满个性的叶片搭配粉红色的小花非常可爱。

②紫叶酢浆草的叶子与花朵的颜色相互衬托，美极了。

③在木箱下部放上一盆矾根，漂亮的叶子为这个角落增添了丰富色彩。

从客厅望出去的阳台景色
也需要有设计感

打开客厅的推拉门，阳台的墙面就映入眼帘。需要注意园艺工具与植物在颜色上的和谐统一，避免呈现出杂乱的样子。

樱 井小姐与父母住在一起，她住在房子的二层。长方形的阳台是她的"园艺乐园"。首先，最吸引人的是1.6米高的木板墙，这是委托专业人士设置的。这面木板墙既可以挡住对面看过来的视线，又可以作为收纳杂物、装饰绿植的"舞台"。木板的质感与铁皮材料的园艺工具、空罐子容器以及老旧的木箱等搭配得很完美，而且绿植在木板的衬托下更显生机勃勃，可谓是一举两得。

规划时需要注意不要把大量的植物和物品全部堆放在同一个空间内。相互之间应保持一定的距离，这样从室内往外看时就不会觉得太过于杂乱。另外，如果植物太多，照顾起来也比较麻烦，不过量是维持快乐园艺生活的秘诀之一。

¡idea!
灵活利用墙面，保证充分的展示空间

①这个罐子里种上了匍匐型的多肉植物，然后被放进了鸟笼里。随着时间流逝，叶子会像"溢"出来一样蓬勃生长。

阳台墙面上展示的不仅是植物，还有一些生活小物。生活小物与植物搭配，彰显与室内的统一感。为体现自然朴实的风格，特意挑选了简单的木箱作为放置花盆的台面。

用精致漂亮的食品包装罐或者自己涂鸦的罐子做花盆，有种不一样的味道，更能衬托出植物的生机盎然。

用空罐子做花盆，酷酷的！

②罐子里种下的迷你玫瑰更惹人怜爱。

③将铁皮罐及与其等质感类似的容器放在同一个地方。

以木箱为台面的
多肉植物角落。同种
类植物的混栽也会由
于容器的尺寸、大小
不一而产生不一样的
感觉。

自己动手打扮的室外空间
这是一次自然风格的大改造

自然清新风格
——F先生的家

¡idea!
悬挂灯笼是
营造气氛的
小妙招

在室内一侧的藤架上悬挂灯笼。植物之外的小物件是营造气氛的好帮手。

原本F先生的家是水泥墙壁配玻璃窗的现代风格，某天，F先生突发奇想，打算将自己的房子改造成自然风格。于是在家人的帮助下，F先生在墙面上覆盖了大块的白板，开始了"形象改造工程"。

改造后，整个空间焕然一新，植物品种丰富：有粉色的月季、鲜嫩的藤蔓植物、多肉植物等。通过设置木箱、梯子和桌子，充分利用纵向空间，更加立体地展示出植物的美，让园艺生活更有乐趣。

更值得夸奖的是，每一种植物都是主角的。即便是小小的一株多肉，不论是放在显眼的架子上，还是被放在混栽之中，都有很强的存在感。就像在向观众展示自己的作品一样，F先生的小阳台有着各种各样的巧妙心思，可以说，让人在有限的空间中享受到了无限的园艺乐趣。

使用分层的小家具，做成小盆栽的装饰台

如果全都摆在地面上，那么小盆栽可能会被"淹没"在大株植物的叶子下，而使用层架可以让它们的存在感更强。不论是与鲜明的绿植相映成趣的白色梯子，还是与颜色雅致的多肉植物融合完美的烟灰色架子，我们都可以从中感受到F先生的审美与巧思。

为了更好地突出植物的特性，可以在展示方面多动动脑筋

①在月季花缠绕着栅栏的可爱角落里，悬挂着装有薄荷苗的小铁篮，它们互为映衬，绿意更浓。

②架子上稳稳当当地放着一盆"黑法师"，白色背景下更显其叶片紫黑如墨。

③旧的木箱和罐子的搭配非常棒，表现出一种随遇而安的感觉。

小小一个盆栽也有满满的存在感，摆放的方式"暗藏玄机"

④这个角落里花儿很多，紫色的宝盖草种在小巧的鸟笼里，悬在半空，小小的苗子也为这个角落增添了一份姿色。

墙面、地面、台面，阳台经过设计，不再是冷冰冰的毫无生气的样子，保持适度的空位，有利于充分突出多肉植物的个性。

许多像古董一样的木箱被摆放在架子上，还有雕刻着精美纹样的桌子，这些本应在室内的家具、物品被放在了室外，由此营造出了独特的氛围。

暗色调的室外空间与植物交织而成的成熟风花园

成熟恬静风格

——渡部小姐的家

← 左图

改变砖块排列的朝向，或者是用核桃的外壳铺在砖格里，此番设计可谓独具匠心。

→ 右图

以木栅栏为背景，以木板箱为台面来做植物的展示，古旧的木材能很好地衬托出绿植的生机盎然。

idea!
选择兼具家具功能的空调室外机罩会有特别的效果

这个阳台中家具、花盆与植物搭配的设计都恰到好处，一切都融合得那么完美。其中，和谐气氛的营造主要归功于阳台中的家具、容器等物品，而这些物品大多是由木材和红陶等天然材料做成的，这使得整个阳台显得和谐舒服。花的颜色多为白色系和紫色系，色彩和谐；蓬勃的藤蔓植物则使得整个阳台的小景致显得更有层次感。

另外，值得一提的是室外空间的创意设计。不仅仅是覆盖阳台原本冷冰冰的地面和无机质墙面那么简单，还需要花点心思想想如何组合运用各种材料，让每一个角落都富于变化。对于渡部小姐来说，这个绿意盎然的阳台已经成为她每日休憩的好去处，成为了她日常生活中不可欠缺的一部分。

一眼看过去，阳台里最显眼的莫过于空调外机罩了，而兼具家具功能的空调室外机罩是可以快速改变阳台景色的"好帮手"。渡部小姐还在机罩上面放了一个小小的架子，将其设置为一个欣赏多肉植物的展示台。

选择植物应该尽量保持色系上的和谐一致

①右边是红叶老鹳草，人们喜欢它的主要原因是它可作为彩叶植物供人观赏。

②开花又美又多、还好养活的矮牵牛很受欢迎。渡部小姐选择了色调柔和的紫色，用莲蓬式浇水壶作花盆，把矮牵牛和其他植物进行了混栽。

③在绿色的主色调之中点缀了白色、紫色的花朵，再加上暗色调的彩叶植物，整个空间显得非常紧凑又层次分明。

叮咛几句：阳台园艺也有需要遵守的规则

　　绿意盎然的阳台会给人带来好心情，但前提是，在楼房居住时必须要注意不给同楼层的邻居以及楼下的住户造成麻烦。此外，如阳台属于公共区域，必须遵守相关的规则，不要占用公共空间。不过即便是公共阳台，凭借自己的巧思和努力，在被允许改造的前提下，也有设计的空间。总而言之，掌握了基本规则以及了解周围环境的情况之后再开始享受园艺的乐趣吧！

**严格遵守
两个不要**

浇水、喷杀虫剂时注意不要漏出阳台栏杆的缝隙

　　如果阳台是开放式的，尤其需要注意，浇水时不要打扰到楼下的住户。照着植物的根部浇水是比较稳妥的做法。

花盆和杂物不要放在容易被风吹掉的地方

　　强风容易将靠近开放式阳台栏杆的物品吹倒，甚至吹落下楼，非常危险。请在安排植物摆放位置时考虑好各种安全因素。

确认环境条件！

需要——确认一日之中日照时长与背阴时长、穿过阳台的风强度有多大等环境条件。此外，同一空间会因为位置不同而光照等条件不一样，需要细心观察后掌握情况。

☑ 确认环境条件！

阳台朝南，一整天的光照都比较强烈。特别是到了夏天，对于部分植物来说这类阳台是非常严苛的环境。

长时间过于强烈的光照容易把植物晒蔫，最好根据不同时间段及季节变化等确认光照强度，将植物移动到合适的地方。

☑ 背阴/半阴

阳台朝北或者在被墙壁包围的情况下，光照条件差，形成背阴或者半背阴环境。

即便是背阴环境，也可以通过壁挂花盆来接受更多的阳光，稍微改变一下光照条件。

确认阳台的光照条件

阳台每个角落所能接收到的阳光多少会有些不一样。另外，栏杆处有空隙的话多少还能有些阳光透进来，如果是整面的水泥墙那就没办法了。光照条件会受阳台结构和构造材料的制约。

☑ 无风

三面围墙的阳台，空气流动性差。尤其需要注意梅雨时节，闷热潮湿，对植物生长不利。可以通过使用高架子或者悬挂花盆的方式改善通风条件。

确认阳台的通风条件

通风条件经常被人忽视。通风不良的情况下，过于闷热潮湿容易导致植物病虫害的发生。

☑ 强风

风太大容易把植物枝茎吹折、叶子吹落。悬挂花盆一定要选对地方。

通风不良容易"闷坏"植物。可以选择把花盆放高一点确保空气流通。

近年来，都市刮起一股"多肉"旋风。多肉植物们"长相"各异，许多品种颇具个性，让人按捺不住想要拥有更多品种，这或许就是它们最大的魅力。

另外，多肉植物可以算是"懒人最佳花卉"，不需要经常浇水也能活得好好的，养起来不那么麻烦，被许多园艺新手列为入手首选。

植物混栽的方法多种多样，仅以多肉植物构成的混栽也十分常见。

多肉植物具有独特的形态，从"冷淡风"到"优雅风"，各种风格一应俱全，和其他植物品种搭配起来也毫无违和感。这些优点，或许正是它们大受欢迎、备受追捧的原因吧。

PART 3
酷炫又有个性的
多肉植物创意搭配

怎样选择多肉植物

种类丰富、形态各异、外表独特，
使得多肉植物受到许多园艺爱好者的欢迎！

**植株矮小，
没有徒长**

一般多肉植物可以欣赏
很长时间，但是有的会
徒长，形态变得凌乱。
购买时可以尽量选择矮
小没有徒长的植株。

如何选幼苗？

**叶子饱满，
没有外伤**

水分充足的多肉植物叶
片仿佛果实一样饱满可
爱。叶子皱皱巴巴、还
有外伤的不推荐购买。

叶片结实

多肉植物中也有容易掉
叶子的品种。尤其是在
植株脆弱的时候，叶子
可能一碰就掉。所以在
购买时已经掉叶子的还
是不买为好。

多肉植物的优点：

☑ 形态各异有个性

☑ 不用天天浇水

☑ 就像日用小玩意儿一样可爱

多肉植物的养护

多肉植物的一大特点是不挑容器。没有透水孔的玻璃瓶或者餐具都可以用来种多肉。

但是需要注意的是，最好不要在室内种植多肉植物。因为它们和其他日用小玩意儿放在一起毫无违和感，也不用天天浇水，所以很多人误以为多肉是室内植物。殊不知，大多数的"肉肉"是狂热的阳光爱好者。放在室内当装饰品不是不可以，但是最好放在明亮有阳光的地方，而且不要忘记常常给它们"外出"晒晒太阳的机会哦。

摆放位置

多肉植物原产于干旱地区，大多数品种喜阳。当你发现自己的多肉变得蔫巴巴的时候，你可以考虑给它"晒个日光浴"，顺便更换一下摆放的位置。而且，"肉肉"们基本都怕湿，通风良好也非常重要。

🍃🍃🍃

"春秋型种""夏型种"与"冬型种"

根据多肉植物的生长期可以将它们划分为三种类型，最常见的是春季、秋季正常生长，夏季进入半休眠状态的"春秋型种"，以及春季到秋季生长，夏季开花的"夏型种"。还有一种是从秋季到次年春季越冬生长的"冬型种"。明确多肉植物的生长期，可以更合理地进行养护，最好在买到新品种的第一时间就弄清楚它是什么类型的。本书在介绍具体的多肉植物品种时会提到它们的生长期。

浇水

如果土壤内部已经干燥，那么浇水时需要注意不仅仅是沾湿表面，尽量浇透。另外，多肉植物处于休眠期时基本停止生长，此时无需浇水。

🍃🍃🍃

注意是否过于潮湿

和光照条件同样重要的是通风条件。多肉植物原产于干旱地区，喜干燥忌潮湿。如果有通风不良、土壤排水性较差、浇水过多等问题，那么多肉植物根部会变得过于潮湿闷室，容易导致病虫害的发生，需多加注意。

花期养护

有的品种会开出独特的花朵，然而，也有的品种开了花之后就会很快枯萎死亡，因此不需要摘残花。基本上也不需要施肥。

🍃🍃🍃

生长期与休眠期

多肉植物都有生长期与休眠期，在不同时期的养护方法也不一样。多数品种是春天到秋天处于生长期，冬天休眠。

多肉植物的推荐品种

有着满满存在感的多肉植物们，深受人们的喜爱。
它们形态各异，让人忍不住想要收藏更多品种。
有的品种剪下一段茎节，埋下一片叶子，就能成长为一棵新植株。
本书推荐的多肉植物均为景天科植物。

[图标的含义]
原 原产地　花 花期　寒 抗寒性　旱 抗旱性　型 生长期　株 植株形态

[植株形态的说明]
A 主干及枝叶朝上伸展　B 朝上伸展，但是会因为重量而倒伏　C 匍匐下垂
D 匍匐在地面生长

景天属

　　有叶子细小、匍匐生长的地被植物类型，也有叶子肥厚、直立生长的类型。叶子的形状和颜色各异，富有多样性。多数类型都是细小花朵簇拥着开在茎叶末端。喜光照，叶子越肥厚的品种越耐干旱，但同时也更加害怕潮湿闷热。

原 世界各国的热带至温带地区。叶子肥厚的多分布在中美洲。
花 不同种类的花期各异。

白厚叶弁庆

寒 强
旱 强
型 春秋型
株 A

　　白厚叶弁庆的叶片为长匙形，环状互生，植株形态独特。
　　叶片表面有白色粉末覆盖，颜色是带点淡蓝色的嫩绿，非常漂亮。

天使之泪

寒 强　旱 中　型 冬型　株 A

　　天使之泪叶片肥厚，叶色翠绿至嫩黄绿，呈莲座叶丛状，表面覆盖细微白色粉末，可爱娇俏。

铭月

寒 强　　　旱 强
型 冬型　株 A

　　铭月叶子平直细长，夏天呈现黄绿色，春秋带点橘色。
　　秋天多晒晒太阳，叶片会越变越红。

乙女心

寒	强		旱	中
型	春秋型		株	A

乙女心胖乎乎的叶子朝上伸展，秋冬季节叶尖会变成粉红色。

备受瞩目的红叶品种

有的多肉植物到了冬天叶子会变红，成为寒冷冬季中一抹鲜艳的色彩，备受人们喜爱。可以通过组合混栽、选择漂亮的器皿等收获不同的收获。

黄丽

寒	强		旱	中
型	春秋型		株	A

黄丽肥厚的叶子平常是黄绿色的，随着季节变化，叶尖会带点橘色，光照越强橘色越深。春天会开白色的小花。

虹之玉

寒	强		旱	中
型	春秋型		株	B

虹之玉的叶片带有光泽，呈长椭圆形。冬天增加光照，叶子会越来越红。植株成熟后，会在初春开黄色的花，花朵呈放射状。

珊瑚珠

寒 强 旱 弱 型 春秋型 株 B

珊瑚珠环状叶子呈小圆粒状，带
有光泽，枝干细长朝上生长。

到了冬天，叶子就像"红色小丸
子"一样，十分可爱。

黄金丸叶万年草

寒 弱

旱 中

型 春秋型

株 C

黄金丸叶万年草那细小的黄色
叶子非常茂盛，东亚的气候条件下
可以直接种在地里，也是一种地被
植物。

万年草白覆轮

寒 弱

旱 弱

型 冬型

株 C

万年草白覆轮圆圆的
叶子重重叠叠，颜色略带
白色或者浅粉色，给人一
种清凉的感觉。

宝珠

寒 中	旱 弱
型 春秋型	株 A

　　植株直立生长，叶片较
大，带光泽。随着枝干生长，
底部的叶子会不断脱落，只留
上部有叶子。不怕雨淋。

森村万年草

寒 强	旱 中
型 春秋型	株 B

　　森村万年草是一种地被植物，细
小的叶子总是紧密簇拥在一起。春天开
花，冬天气温下降时叶子会变红。

佛甲草

寒	强
旱	中
型	春秋型
株	A

　　佛甲草青灰色的叶子呈细
长状，叶与叶之间分开生长。气
温下降时叶子会带点粉红。

塔松

寒	强
旱	强
型	春秋型
株	B

　　塔松，别名"反曲景天"。叶子尖细，带有白色蜡粉，抗旱性强，非常适合做护盆草。也可用于屋顶绿化。

新玉缀

| 寒 | 弱 | 旱 | 强 |
| 型 | 春秋型 | 株 | B |

　　新玉缀漂亮的叶子上覆盖着白色粉末，像葡萄一样密密麻麻地垂下来。光照不足时叶子容易掉落。

小球玫瑰锦

寒	弱
旱	弱
型	春秋型
株	B

　　小球玫瑰锦是小球玫瑰的锦化品种。叶子带点粉红色，是备受喜爱的混栽植物。

白花小松

寒	强
旱	强
型	春秋型
株	B

　　白花小松鲜嫩的绿叶密密匝匝地簇拥在一起，春天会开白色的小花。一点小建议：在混栽时可以种在容器前部。

姬吹雪

| 寒 | 弱 | 旱 | 中 |
| 型 | 春秋型 | 株 | C |

　　姬吹雪是一种冬季地上部会死亡的宿根植物。叶子细长如同竹叶，叶片边缘带白边。是群生植物。

拟石莲花属

拟石莲花属植物叶子像花瓣一样环状生长，呈莲座叶丛状。有的品种茂密群生，有的则是直立生长。拟石莲花属的植物不耐冬天湿冷，且底部叶片变脏了容易"生病"。它们的抗旱性很强，所以夏季和冬季都应极力控制浇水的量，并且保障通风良好。

原 中美洲。
花 花期各不相同。花穗上点缀着或黄色、或橙色、或粉色的小花。

立田锦

寒 强　　　旱 弱
型 春秋型　株 C

立田锦淡蓝色的叶片较长，呈莲座状环状生长。到了冬天，叶子会变成粉色。是比较好养活的品种，容易长出侧芽而群生。

玫瑰莲

寒 强
旱 弱
型 春秋型
株 C

到了冬天会变红的玫瑰莲，叶子紧密朝叶心合拢，漂亮结实。相对来说，是比较健壮的品种。春季开橙色小花。

厚叶月影

寒 中　　　旱 弱
型 春秋型　株 C

厚叶月影那淡绿色的叶子胖乎乎的，可爱极了。叶片微微向叶心合拢，表面光滑带有微微白粉。春天会开橙色小花。需要注意的是这个品种不喜欢过于潮湿的环境。

露娜莲

寒 中　　　旱 弱
型 春秋型　株 C

露娜莲的轮廓像花儿一样精致优雅，是莲座叶丛状的品种之一。叶色似青瓷，叶端有小尖，非常可爱。春季开橙红色的花。

紫蝶薄叶克拉夫

寒	强		旱	弱

型	春秋型	株	C

　　紫蝶薄叶克拉夫的叶片上黑色与绿色并存，非常特别。稍厚的叶子带有光泽，叶片呈莲座形螺旋排列。是混栽中较为常见的植物。夏季开深红色的花。

一起来玩多肉混栽吧

　　多肉植物有一个优点，那就是混栽之后可以相对地延长其观赏期。一起来试试不同品种的混栽吧！可以把拟石莲花属的品种作为主角放在中间，可以使整体显得更加协调。

花司

寒	强		旱	弱

型	春秋型	株	A

　　花司细长的叶片上有着细细的茸毛，天气变冷时叶片会发红。底部的叶子枯萎后，主茎会继续朝上生长，是直立生长的类型。

紫珍珠

寒	强	旱	中	型	春秋型	株	C

　　紫珍珠，又名"纽伦堡珍珠"。粉紫色的大片叶子带有白霜，美丽优雅。随着气温下降，颜色会越来越深。在夏秋之交会开橙色的花。

青锁龙属

青锁龙属有匍匐生长的类型，也有直立生长的类型。大多数的品种都有三角形叶片交互生长，呈现十字星形状的特点。虽然耐干燥，但是害怕高温湿热的环境，长期淋雨容易导致根腐病、黑斑病，虽然抗寒性较强，但是冬天依然要注意保暖。

舞乙女

寒 强	旱 中
型 冬型	株 B

舞乙女颜色明亮，胖乎乎的小叶子交互对生，就像佛珠一样被串起来了。春天会长出花穗，开白色小花。夏天不喜闷热潮湿环境，需多加注意。

火祭

寒 中	旱 强
型 夏型	株 B

火祭的尖端呈红色，叶片朝上伸展，就像火焰一样。随气温下降，叶片的红会越来越浓。秋天开白色花朵。

爱星

寒 强	旱 弱
型 冬型	株 A

爱星叶片肥厚，呈胖胖的三角形，叶片两两交互对生，叶缘仿佛镶了一圈红边。春天开淡粉色的小花。

姬神刀

寒型	中 春秋型	旱株	中 A

姬神刀青色叶片上覆盖的白霜稍浓，质感独特。叶形似刀刃，左右交互，朝上生长。夏季会开出红色的花。

绒针

寒型	强 冬型	旱株	弱 A

绒针，也称"银箭"，细长的小叶子上布满细细的茸毛是它最大的特征。植株分枝朝上生长，长成老桩的植株枝干及叶子会变成褐色。

星王子

寒型	强 冬型	旱株	中 A

星王子叶片呈灰绿色，交互对生，叶边缘稍带红色。夏秋两季会开白色的花。秋季之后叶子会变成美丽的红色。

雪绒

寒 弱
旱 中
型 春秋型
株 C

　　雪绒灰绿色的叶片呈椭圆扁梭形，覆盖着白色茸毛，叶子质感柔软。气温下降时，叶子会变红。

火祭之光

寒 中　　旱 中
型 夏型　　株 B

　　火祭的斑锦变异品种——火祭之光，也称"白斑火祭"或"火祭锦"，叶片为绿色，叶缘有白色斑纹。气温下降时，经阳光暴晒后叶子呈粉红色。秋季开白色小花。从母株长出的子株扎根生长，植株数量由此会变多。

赤鬼城

寒 中　旱 中　型 夏型　株 B

　　赤鬼城在春夏时节叶片呈现鲜艳的绿色，气温下降后生长变得缓慢，在秋冬季叶子将逐渐变红。花期在夏季，花色为白色。

厚叶草属

厚叶草属植物胖乎乎的样子十分招人喜爱。它们比较容易长出侧芽而群生。厚厚的叶片储存着大量水分，所以浇水不必太多。虽然厚叶草属的品种大多数比较健壮，但是依然要注意夏天的闷热潮湿，以及冬天的寒冷给植物带来的伤害。

原 中美洲。

花 各品种不尽相同。橙色、黄色或者红色的小花就像小小的铃铛一样挂在细长的花穗上。

冬美人

寒 强　　旱 中

型 春秋型　株 A

冬美人，也被称作"东美人"。叶呈倒卵形，肉质叶互生，叶片紧密排列成莲花状，叶面有白粉，气温下降时叶子会变成灰粉色。

月美人

寒 强

旱 中

型 春秋型

株 A

月美人的叶片上覆有白霜，叶尖有粉红色，就像圆圆的糖果一样可爱。植株直立生长，容易群生。

紫丽殿

寒 强	旱 中
型 春秋型	株 C

　　紫丽殿的叶片环状排列，长匙形，有叶尖，叶缘圆弧状，叶片肥厚，叶片光滑带微量白粉色。多晒晒太阳，到了秋天叶子会变成漂亮的红色。

玉珠帘

寒 强	旱 中
型 春秋型	株 C

　　玉珠帘那青色叶片也有白色粉末覆盖，叶厚，肉质，呈长圆锥状披针形。气温下降时，多晒晒太阳，叶子会变成粉红色。

莲花掌属

莲花掌属的多肉植物的叶子在茎顶端排列成莲座状，底部的叶片枯萎后，茎向上生长，木质化后变成树干状。春秋两季对水分需求大，所以和其他多肉植物相比，浇水时可以多浇一些，有利于植株生长。夏天底叶掉落，进入休眠期后不需要浇水。

原 主要分布在北非和加那利群岛等地。

花 各品种花期不同。开花时从叶盘中心长出花穗，花朵颜色多为黄色。均为直立生长的类型。

小人祭

寒	强	旱	弱
型	冬型	株	A

　　灌木状的小人祭在莲花掌属里实属稀奇。小人祭株型迷你，多分枝，容易群生。叶片黄绿色中间带紫红纹，叶缘也有红边。

黑法师

寒	中	旱	弱
型	冬型	株	A

　　黑法师的茎呈圆筒形，浅褐色，而且有很多分枝。倒长卵形或倒披针形的叶片顶端有小尖，叶缘有白色睫毛状细齿，呈现独特的黑紫色。底部叶片掉落的同时，植株会向着光不断朝上生长。

艳日辉

寒 中　　旱 中

型 春秋型　株 A

　　叶色会随着季节变化而改变，这是艳日辉的魅力所在。叶片长勺形，边缘有锯齿，光照不足时全株绿色，光照充足且温差大时，叶片会变成淡淡的粉红色，边缘红得诱人。花期在初夏，花朵颜色为白色。

灿烂

寒 中

旱 弱

型 冬型

株 A

　　青绿色的叶子边缘是粉红色的，而叶盘中间则是嫩黄色，整个叶片黄、绿、粉相间，非常美丽。在天气干燥时，叶子上的粉色会越来越浓。夏天会开出淡黄色小花。

其他

胧月

寒	强
旱	强
型	春秋型
株	B

　　胧月的叶肥厚无柄，灰蓝色，表面覆盖白色粉末。主茎与分枝常横卧或下垂。初春开花，花瓣乳白色，花蕊淡黄色。抗寒性相对较强。

白牡丹

| 寒 | 强 | 旱 | 弱 |
| 型 | 春秋型 | 株 | A |

　　白牡丹的叶片互生，排列在短缩的茎上呈莲座状，叶色灰白至灰绿，叶片表面有淡淡的白粉，叶尖在阳光下会出现轻微的粉红色。花期在春天，花儿的颜色为黄色。

月兔耳

| 寒 | 弱 | 旱 | 强 |
| 型 | 春秋型 | 株 | A |

　　月兔耳是"兔耳"家族中最具代表性的品种，淡绿色叶片密被茸毛，叶片边缘有褐色斑纹。

蛛丝卷绢

寒 强
旱 弱
型 春秋型
株 D

蛛丝卷绢有大量蜘蛛网般质地的茸毛缠绕在叶尖，极易分株，侧芽长大后会形成稠密的簇状。叶片扁平，一般为嫩绿色，顶端稍尖。成熟植株在夏天开花，花瓣粉色，有深色条纹。

黑兔耳

寒 弱   旱 强
型 春秋型   株 A

黑兔耳，别名"巧克力兔耳"，是"兔耳"中的小型品种。卵形叶片覆盖黑色茸毛，叶缘有深褐色斑点。是颇受欢迎的品种之一。

翡翠珠

| 寒 | 强 | | 旱 | 弱 |
| 型 | 春秋型 | | 株 | C |

翡翠珠那像青豆一样的叶子接近球形，似珠子般互生，每颗"珠子"表面都有一道透明的线条。春季会开白色的花朵。

根据植株形态来设计装饰

像翡翠珠和黄花新月这样的藤蔓植物，叶子都胖乎乎的，就像饱满的果实一样，着实惹人喜爱。可以将这些藤蔓植物放置在高处，随着枝叶的生长，呈现出自然垂落的样子，就像帘子一样给人愉悦的美感。

黄花新月

黄花新月，别名"紫玄（弦）月""小海豚"等。紫红色的藤蔓，叶片呈长梭状，略弯曲，犹如一轮新月，基部簇生，随着生长呈互生状。春季开黄色小花，在温差大且光照充足的情况下叶子会由绿色转为紫红色。十分适合用作垂挂装饰。

姬胧月

寒 强	旱 中
型 春秋型	株 B

　　姬胧月容易群生，褐色叶片呈莲座叶丛状。茎长得高的成熟植株容易不断长出侧芽，实现爆盆。花期在春天，花儿的颜色为黄色。

因地卡

寒 强	旱 中
型 春秋型	株 C

　　因地卡容易横向群生。到了冬天，叶了会变成深红色。花期在夏天，花色为红色。因地卡容易发生病虫害，需要细心照顾。

　　彩叶植物大多是藤蔓植物，它们自由自在地伸展，生长迅速，能很快占领一方小天地。色彩鲜艳的叶子比花儿还艳丽几分，四季颜色变化丰富，为我们带来视觉上的愉悦享受。

　　彩叶植物观赏性强，叶形独特，颜色丰富，可以说是阳台园艺中不可或缺的一大品种。只需要一个最普通的花盆就能种出漂亮的彩叶植物，即使光照条件欠佳也不碍事。园艺中其他令人烦恼的不利条件也不会影响到彩叶植物的生长。这样的"园艺景观好帮手"，你值得拥有！

PART 4
好养活又好打理的
彩叶植物创意搭配

怎样选择彩叶植物

近年来备受瞩目的彩叶植物，了解越深入就让人越发想要拥有，是非常有魅力的一类植物。

留意植株生长高度/长度

园艺店中出售的均为幼苗，装在小盆里看上去小小的，但是有的幼苗移栽之后会迅速长大。所以想买"长不大"的植物的朋友最好在买之前先问一问店家，确认自己想买的植物的生长高度或长度。另外，建议选购多年生草本植物，因为不需要过多打理，可以欣赏好几年。

幼苗的挑选方法

没有徒长

如果幼苗茎节之间显著变长，给人感觉没有活力，说明此植株缺少光照。没有优秀的颜值，还是不选为妙呀。

充满生机的漂亮叶色

叶尖枯萎，或有生病的叶子（长黑斑或者部分变色）、颜色过浅、叶子毫无生气的植物最好不要购买。另外，有独特斑纹的，或者叶色多种多样的，即使是同一个品种，叶子的模样也不尽相同，建议仔细挑选、确认、选择自己最喜欢的一盆！

彩叶植物的优点：

☑ 相对来说更好养活

☑ 有喜阴的品种

☑ 有种好之后不需要打理的品种

彩叶植物的养护

移栽

一年生草本植物枯萎后应将其从花盆中移出，而多年生草本植物种下之后无需过多打理，在植株生长到一定程度，根系无处可伸展时换盆移栽即可。选择一个大一圈儿的花盆进行移栽，让植株重新焕发活力吧！

浇水

浇水应注意结合各植物的特性。过多的水分聚集在叶片上会给植株带来负担，在太阳猛烈的日子里叶子上有水滴容易导致晒伤，因此，浇水应该对着植株的根部，而不是往叶子上浇洒。

不论是朴素的颜色，还是鲜艳的颜色总有一款合你心意

所谓"彩叶植物"，并不是品种的名称，而是从园艺角度对观赏性强的观叶植物的总称。因此，彩叶植物中也有许多是会开花的，只是与它那五彩斑斓的叶子相比，花儿没有那么吸引眼球罢了。

叶子的颜色实在是多种多样，除了浓淡变化的绿色品种以及红叶品种，还有黑色、铜色、银色、黄色、紫色、粉色等各类品种。而且，一些品种的叶子还带有独特的斑纹或者呈现出不一样的叶边轮廓，如此繁多的种类着实让人眼花缭乱。

另外，彩叶植物中有许多品种不需要良好光照条件也能照常生长，这对于光照欠佳的阳台来说无疑是福音。一起来挑选合适的品种，通过摆放位置的设计以及颜色的组合来打造自己喜欢的阳台小花园吧！

其他

给予我们愉悦视觉享受的彩叶植物中有许多都经过品种改良。有些品种在生长过程中会突然显露出原来品种的特征，这被称作"返祖现象"。如果不希望有"突变"的叶子影响彩叶植物的整体形象，那么在"怪叶子"还没长大之前摘掉即可。

摆放位置

有的彩叶植物容易被烈日晒伤，所以盛夏时节应该特别注意植物的摆放位置。有的彩叶植物不需要良好光照条件也能照常生长，一般这样的品种也比较受欢迎。藤蔓类的彩叶植物需要空间伸展枝叶，所以建议放在高处。

养护

叶子过于繁茂密集的时候，植株容易因为闷热而导致病虫害的发生，所以定期整理很有必要。一些颜色变浅或者发生变色的叶子可以及时修剪清理。开花类型的彩叶植物则需要根据各个品种的特性来进行养护。其中，及时摘下枯萎的花蒂是任何类型的植物都适用的养护技巧。

彩叶植物的推荐品种

独特的彩叶植物为园艺生活带来无穷乐趣。

不论你是希望自己的阳台充满绿色的自然气息，还是希望通过暗色系植物增加神秘感，又或者想用五彩斑斓的叶子创造出热带的感觉，只要结合不同彩叶植物的特性都能够营造出你想要的氛围，一起来享受种植彩叶植物的乐趣吧！

[图标的含义]

原 原产地　草 植株高度　树 树木高度　藤 藤蔓长度　花 花期　日 光照

寒 抗寒性　旱 抗旱性

矾根

多年生常绿草本植物。 原 北美洲　草 约 30 ~ 40cm　花 晚春至初夏　日 耐阴　寒 强　旱 强

矾根，别名"珊瑚铃"。矾根的叶色五彩斑斓，随着季节改变而产生丰富的变化，每个季节你都能见到不一样的叶色。春夏时节会有可爱的小花开放也是矾根的魅力之一。矾根的耐阴性非常强，在光照不足的条件下也能活得好好的。

巴黎

除了深绿色的叶脉之外，整片叶子呈现晕染开的花白色。茎很短，娇小可爱。花色为红色。

草 约 35cm

奇迹

红色叶子有明亮的黄绿色镶边是"奇迹"的特征。花色淡黄偏白。

草 约 40cm

黄金斑马

金黄色的叶子上叶脉是红色的，而在春天长出的嫩叶中红色会晕染到几乎整片叶子。花色淡黄偏白。

草 约 35cm

柠檬黄

这是一个黄叶品种，尤其是在春天，黄色会更加明显，而夏秋时节叶色慢慢转变为青柠绿，花色为白色。

草 约 40cm

蜜桃冰沙

红色的叶片上有白色晕染开来，气温下降时红色会越发浓郁。花色为淡黄偏粉。

草 约40cm

红石榴

春天长出的嫩芽是橙红色的，夏天开始变成赤铜色，叶色随季节而改变。花色为白色偏粉。

草 约40cm

饴糖

大片的叶子在春天是橙色调，在夏天是黄色调，到了秋冬则变成略带褐色的红叶了。花色白中带点淡粉，富于变化。

草 约40cm

冰原极光

春天叶色自铜色变为银色，夏天保持银白，秋天开始慢慢带点黑色，冬天则变成了深铜色。花色为红色。

草 约40cm

王子

春天的新叶为红色，夏季转为铜色，秋天则变成茶褐色。花色为白里透粉。

草 约45cm

辣椒红

红褐色的叶片很有光泽，春天的嫩叶略带紫色，并且会有粉色的小斑点。花色为黄褐色。

草 约35cm

彩叶植物的乐趣1

五彩斑斓的矾根

有着丰富色彩的矾根十分引人注目。即便是单独种在小盆里，也有着满满的存在感。在一片浓密的绿叶中种上几株不同颜色的矾根作为亮点，更能突出小花园的独到之处。不同的排列组合会有不一样的感觉，在浓绿的背景映衬下，彩叶的矾根更显个性十足。

彩叶草

不耐寒性的多年生草本植物。`原` 热带、亚热带地区 `草` 约3～50cm `花` 夏季 `日` 喜阳、耐半阴 `寒` 弱 `旱` 强

　　彩叶草，又名"五彩苏""锦紫苏"等，凭借着自身五彩斑斓的叶色，吸引着人们的目光。这种植物有许多经过改良的小型迷你品种。抗旱性强，但是抗寒性较弱，一般被视作一年生草本植物，但是如果晚秋之后将其移入光照良好的室内是有可能顺利过冬的。彩叶草的叶子容易被盛夏骄阳晒伤，最好是让其处于半阴环境。让其少开花，减少消耗，这样，美丽的叶子就能供长期观赏了。

柳叶型彩叶草

插穗系列：
爱神

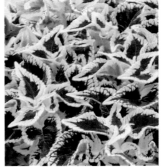

奇才系列：
粉彩画

旗舰阳光系列：
西瓜红

奇才系列：
红色天鹅绒

皱边型彩叶草

巨无霸：
玫瑰红色

常春藤

常绿木质藤本植物。原 欧州、西亚及北非等地 藤 1 ~ 5m 花 无 日 既喜阳，也耐阴 寒 强 旱 强

常春藤是常见的地被植物和混栽植物。斑纹、颜色、形状的不同构成了多种多样的常春藤品种。因为耐阴性很好，所以不论种在哪里都可以健壮生长，而且常春藤的叶子会因为光照不足而呈现出更加鲜明的颜色。茎节处长出气根，可攀附墙面、树木等不断生长，老茎会变大并且逐渐木质化。可以适当修剪，控制植株形态。原种常春藤的叶幅可达20 ~ 30cm。

白雪姬

银边洋常春藤

金边洋常春藤

黄斑常春藤

皱叶常春藤

箭叶洋常春藤

塞浦路斯常春藤

玉簪

多年生落叶草本植物。原 日本、中国
草 10～100cm 花 夏季 日 耐半阴 寒 强 旱 强

玉簪属植物的叶色、斑纹、植株形态都很有特点，有10cm左右的迷你小盆栽类型，也有能长到1m高的巨型品种。相对来说比较好养活，但需要注意太阳过猛容易导致叶子晒伤。除了喜阳的品种，其他最好放在半阴环境中养护，尽量避免长时间的阳光直射。初夏时节会开出白色或者浅紫色的花儿，而且在背阴环境中也不会对开花造成影响。

金冠

叶基生成丛，具长柄，叶卵形至心状卵形，带黄色叶边。是广泛种植的品种，常作为阴处基础种植或林下地被及盆栽植物品种。花色为淡紫色。

草 约40cm

六月

斑叶品种，叶心向外自黄色向蓝色转变，叶色变化十分迷人。花色为淡紫色。

草 约40cm

彩叶植物的乐趣2

蓝鼠耳

圆叶迷你型品种，叶基生成丛，圆圆的小叶子十分厚实可爱。花色为淡紫色。

草 约15cm

初霜

蓝色叶片上镶着一圈金边，颜色明亮鲜艳。花色同样为淡紫色。

草 约40cm

玉簪园艺小贴士

玉簪里大叶型的品种可以做到凭借一己之力填满整个阳台，独领风骚。而小叶型的玉簪通常与其他植物混栽。植株高度、叶型等不尽相同的植物组合起来可以达到相互衬托的效果。

羽衣甘蓝

耐寒性一年生或多年生草本植物。

草 5 ~ 80cm 　日 喜阳　寒 中~强　旱 中

羽衣甘蓝和卷心菜同属于十字花科，为甘蓝的园艺变种。叶片形态美观多变，心叶色彩绚丽如花，有些品种整株酷似一朵盛开的牡丹花，人们形象地称之为"叶牡丹"。到了春天会抽薹，开出黄色的花儿。开花之后植株生命力减弱，倘若尽早剪去花茎则可以安然度夏。花谢后老茎又会萌发大量蘖芽，此时把没有蘖芽的老茎剪去，可继续培育成多头的羽衣甘蓝植株，制作成老桩盆景。

叶牡丹

雪伞

晴朗的身姿

名古屋（红色）

皱叶紫色希望

圆叶花园宝石

祝贺之鼓

其他藤蔓植物

薜荔

桑科，多年生常绿草木植物。

原 东南亚、南亚

草 5 ～ 15cm

花 无　日 喜阳、耐半阴

寒 弱　旱 强

薜荔又名凉粉子、木莲等。约1cm²大小的叶子呈卵状心形，不定根发达，有很强的攀缘能力，在园林绿化上常用于掩盖墙面、山石，或攀缘在花格之上，形成一道竖直的绿色屏障。虽为喜阳植物，但是需要注意盛夏过于猛烈的阳光会使得薜荔的叶子皱缩、晒伤等。通风良好、光线明亮的室内也可种植。越冬需要0℃以上的条件。

白缘薜荔

黑桃

霓虹

千叶兰

原 新西兰　草 10 ～ 15cm

花 秋季　日 喜阳、耐半阴　寒 中　旱 强

又小又圆的叶子长在如细长铁丝一般的茎上，植株呈匍匐状，会攀缘墙壁。分枝多，生长迅速，生长过于繁茂时可以适当进行修剪，剪成自己喜欢的样子。在温暖的地方保持常绿，是广泛种植的地被覆盖植物。

千叶兰为蓼科，常绿木质藤本植物。

扶芳藤

原 日本等东亚地区

草 30 ～ 50cm　花 无

日 喜阳、耐半阴

寒 中等至强　旱 强

扶芳藤为卫矛科常绿木质藤本植物。

扶芳藤叶子的形状就像是冬青卫矛叶子的"缩小版"。它作为常见的地面覆盖植物，经常在花坛的周围看到它们。大多数品种的叶子有"镶边"，柔软的植株形态以及抽芽时鲜嫩的绿色是它们的突出特征。

藤蔓植物带来一种
自由自在的感觉

活血丹

原 日本

草 5～10cm　花 春季

日 喜阳、耐半阴

寒 强　旱 强

现在，我们可以很轻松地买到常春藤或者薜荔等常绿藤蔓植物。可别小看它们哦，它们可是营造阳台花园气氛的"最佳助攻"——自由自在地伸展枝条，整个空间都被赋予了一种活力和动感。尽量把它们种植在高处吧，这样能更好地欣赏这些藤蔓植物的美。

活血丹的叶子十分可爱，叶片心形或近肾形，边缘锯齿状。具匍匐茎，逐节生根。春天开淡紫色小花。虽然植株壮实，但是抗旱性较弱。

唇形科，多年生半常绿藤本植物。

花叶地锦

原 中国　藤 2～10m　花 春季

日 喜阳、耐半阴　寒 强　旱 强

花叶地锦的叶子带有白色斑纹，秋天会变红，十分美丽。花期为春季，花色为黄色。开花后会结出蓝色的果子。生长迅速，适合用于垂直绿化或地被植物种植。花叶地锦是落叶型植物，落叶后可以暂时不修剪枝条，第二年长出新芽之后再进行修剪即可。

葡萄科，落叶木质藤本植物。

红叶

日本爬山虎

原 日本　藤 3～4m

花 初夏

红叶

果实

其他备受瞩目的彩叶植物

匍匐筋骨草

▲ 红叶

锦叶欧洲筋骨草
（锦叶紫唇花）

草 约20cm

筋骨草

原	欧洲、中亚	
草	8 ～ 20cm	
（包含花穗高度）		
花	春季	日 喜阳，耐半阴
寒	强	旱 中等至强

唇形科，多年生常绿草本植物。

在背阴环境中也能旺盛生长的筋骨草，植株壮实，耐阴性良好，最适合用于打造荫地花园了。不喜高温干燥，所以应种在土壤保水性以及通风条件良好的地方。春天会开出一串串蓝色或者粉色的花。

野芝麻

原	欧洲	草	10 ～ 30cm
花	初夏	日	耐半阴
寒	强	旱	中

野芝麻横向匍匐生长，故可作地被覆盖植物，或者种在吊篮里垂挂成景。喜好明亮的半阴环境以及排水性良好的土壤。需要注意的是，即便是盛夏的夕阳也会导致叶片晒伤。初夏抽穗开花，花色多样，或白或粉或黄。

野芝麻为唇形科、多年落叶或半常绿草本植物。

紫花野芝麻

草 约20cm

小野芝麻

草 约10cm

花野芝麻

草 约10cm

重瓣鱼腥草

变色龙鱼腥草

原	东南亚		
草	30 ～ 60cm	花	初夏
日	喜阳，耐半阴		
寒	强	旱	强

三白草科，多年生落叶草本植物。

叶卵形至心形，叶面色彩变化较为丰富，有淡黄色与粉红色斑纹，多晒晒太阳会使得红色变得更深更浓。初夏开放的纯白色花朵也增加了变色龙鱼腥草的魅力值。植株壮实，地下茎发达，适合作为地被覆盖植物。但是也要注意长势是否过于迅猛，可以在春天摘一次叶心，抑制其生长速度。

紫叶酢浆草

原	巴西	草	15 ～ 30cm
花	夏至秋	日	喜阳，耐半阴
寒	中	旱	强

酢浆草科，多年生常绿或落叶草本植物。

深紫色的叶子神秘优雅，与粉红色的可爱小花形成了对比，十分漂亮。紫叶酢浆草有睡眠状态，到了晚上或者阴天叶片会自动聚合收拢后下垂，直到第二天有阳光时再舒展张开。需要注意盛夏直射的日光会导致叶片晒伤。温暖的地方在室外也能保持常绿越冬，但是在寒冷的地方最好把它放进屋里养护。紫叶酢浆草是一种繁殖能力强的球根植物，可通过分殖球茎进行分株繁殖。

挑战充满个性的彩叶植物混栽吧

像铜色、黑色这样看上去比较难用于搭配的颜色，其实可以将其放在同一色系中来平衡整体感觉，尤其是铜色与黑色组合起来特别有秋冬的氛围。

金叶过路黄 草 约10cm

流星过路黄 草 约15cm

过路黄

报春花科，常绿或落叶多年生草本植物。

原	欧州、中国	草	10 ~ 60cm
花	初夏	日	耐半阴
寒	中等至强	旱	强

过路黄可以在半阴环境中生长，所以也适合用于打造荫地花园。因其匍匐性，可以用作混栽植物，或者用于垂挂。喜湿润。可通过扦插进行繁殖。

黑叶车轴草

豆科，多年生常绿或半常绿草本植物。

原	欧洲	草	10 ~ 20cm
花	春至秋季	日	喜阳
寒	强	旱	中

这是一种有着紫黑色斑纹的车轴草，非常适合作为地被植物种植、混栽等。常见三叶，但四叶出现的概率也很高。喜阳，土壤需要保持排水性良好，避免高温潮湿，避免盛夏夕阳直射。繁殖能力不如白叶车轴草。

银香菊

菊科，常绿灌木。

原	地中海沿岸		
草	20 ~ 60cm		
花	夏季	日	喜阳
寒	中等至强	旱	强

银香菊的叶色为银灰色，具有独特香气。叶色清雅，植株形态美观。初夏开始会开出可爱的黄色小花。自然生长会长成灌木丛状态，经过修剪可以用在花坛围边或者树木造型艺术中。

意大利蜡菊

菊科，常绿灌木。

原	地中海沿岸		
草	40 ~ 50cm		
花	夏季	日	喜阳、耐半阴
寒	中等至强	旱	强

意大利蜡菊的叶子表面覆盖着细密的白毛，银灰色叶子略带点蓝色，有着像咖喱一样的香气。潮湿闷热的情况下容易死亡，可在梅雨到来之前，仔细修剪重叠交错的部分，或者将整体修剪至原来株高的1/3。偏好稍微干燥些的土壤。注意避开夏天直射日光。

　　每日观察植物的变化，内心对于植物的喜爱之情日益增加，你是否感受到了园艺活动的乐趣？

　　一说到园艺，可能很多人脑海里第一时间浮现在眼前的还是各种各样的花儿吧！

　　美丽的花儿确实能为阳台空间增色不少。而和多肉植物、彩叶植物相比，养花多了一个"摘残花"的步骤。虽然可能稍微麻烦了一点，但这也正是养花的妙趣所在。

　　本章将聚焦于秋冬盛开的花儿，向大家推荐园艺新手也能养好的品种，在秋冬这样相对萧瑟的季节里帮助大家丰富自家的小花园。

FALL&WINTER

PART 5
精致漂亮的
秋冬花草创意搭配

怎样选择秋冬花草

五彩斑斓的花儿给人心灵上的抚慰!

叶子紧凑，植株小巧且壮实

推荐购买叶子排列密，植株小巧但显得很有活力的幼苗。如果是大型品种则另当别论，此处推荐购买小型植株，是希望大家不要买已经徒长了的苗子。如果是已经开花的植物，注意不要因花朵的数量和外表而被"蒙蔽双眼"，仔细挑选确认植株是否壮实。

没有发生病虫害

在购买之前确认叶子有没有被虫咬过的痕迹，有没有出现和原本叶色不相符的斑点或发生变色。要是买了带虫子的花苗，有可能就是"引虫入室"，还可能对家里的其他植物造成损害。

幼苗的挑选方法

漂亮的叶色

了无生气的植株接近根部的叶片会呈现出不健康的褐色或黄色。建议仔细挑选，购买没有枯萎叶子的植株。

扎根深且广的花苗

根扎得浅不利于花苗成活。所以最好在买之前看看植株是否牢固，以判断根扎得好不好、深不深。

养花的好处:

☑ 每天观察花苗的变化，是一种视觉享受

☑ 花园变得更加精致漂亮

☑ 从养护中获得一种充实感

秋冬花草的养护

摆放位置

一般来说，植物的开花受日照影响较大。应当注意根据植物习性来选择摆放的位置，比如喜阳的植物可以放在向阳处。

摘残花

花败后摘掉残花。花蒂是需要重点养护的部分之一。不过，每株植物开花时间各不相同，花谢时间也并不一致，而且还有一日之间花开花谢的品种，所以还是尽量多多观察，悉心照料，准确掌握摘残花的时机吧。

在养护中感受季节变迁

侍弄花草最大的乐趣莫过于能够获得关于季节变迁的直观感受。花期到来之际，花儿开了，阳台角落在不经意间因花儿增色不少，让人禁不住停下脚步，在此放松、休憩。

花儿为我们展现它的美丽，相应地，我们也得多花一些心思，注意及时摘残花、在合适的时候浇水等。不过这也正是园艺的乐趣所在。多年生草本植物可以欣赏其一年四季中所展现的不同姿态，而一年生草本植物则可以采下它的种子，在来年合适的时节可以尝试从播种开始培育。

另外，慢慢找到节奏之后，可以尝试混栽，将几个品种混搭起来，种入更大的容器里。比如将各种彩叶植物，或者花期不同的植物、常绿多年生草本植物等组合起来，这样，一年四季都能欣赏到不同的风景。

施肥

每种植物的情况各不相同，最好事先确认好植物是否需要施肥。如果需要施肥，那么还需要明确施肥的时间以及肥料的种类。一般购买植物时上面的标签会有这些信息，如果没有的话可以咨询店家。

移栽

一年生草本植物死亡后可以将其清理出花盆，而多年生草本植物则会越长越大，原来的花盆会变得过小过窄，需要移栽至更大的花盆里。移栽后植物长势通常会变得旺盛，植株继续变大，枝叶变多。

浇水

应当根据不同植物的特性决定浇水的时间点。注意最好不要浇到花儿和叶子上面，应该朝着根部浇水。

秋冬花草的推荐品种

本书从花期为10月至次年2月的秋冬花草中,选取并介绍适合园艺新手种植的品种。如果能把花期不同的花苗养好,那么每年秋冬两季就都能看到一个生机勃勃、五彩斑斓的小花园了。

三色堇

一年生草本植物. 草 各品种不同,10～30cm 花 10月至次年5月 日 喜阳

三色堇的抗寒性很强,植株强健,是冬天装饰用的代表性花卉。每年都有成功开发的新品种,市面上有颜色、花茎各异的各式品种出售。三色堇喜凉爽、喜阳光、喜排水性良好的肥沃土壤、喜通风条件良好的环境。每月施一次缓释肥,可以保证花期足够长,以供人长时间观赏。

三色堇(蓝莓派)

角堇

三色堇(纯黄)

种植三色堇的乐趣

灵活运用不同的形态和颜色进行组合

冬季花坛的代表性彩色花卉植物——三色堇,种类繁多,五彩缤纷,相信你一定能找得到自己中意的品种。三色堇常被用在需要多种不同颜色植物搭配的花坛里,同时,它也是混栽的代表性植物。

它们是品种多变，能满足各种各样审美喜好的三色堇

这些三色堇能给人以宁静、稳重、平和等感觉 ——————————

玫瑰胸针　　　　杏仁奶昔　　　　彩虹色　　　　纯紫

清爽的冷色调也很漂亮 ——————————

奶白色　　　　魔法薰衣草色　　　薰衣草色　　　匀紫

优雅的重瓣褶边品种具有独特的美感 ——————————

 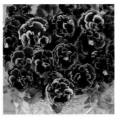  

像图画一样的重瓣三色堇，色彩多样，美不胜收

凤仙花

一年生草本植物。草 50 ～ 100cm
花 5—10月 日 喜阳，耐半阴

凤仙花属的种间杂交品种，花季很长，从春天到秋天都能开花。喜阳、耐半阴；喜湿润，根长好之后可以多浇水，每月施一次缓释肥。生长迅速，很快就会出现花蕾，所以建议家里阳台只养一株即可，让它长成如图片中那样饱满的植株形态。

霓虹粉

亮红

纯白

粉色之吻

品红

鸡冠花

一年生草本植物。 草 "和服"系列约20cm，"赤壁"约60cm 花 5—11月 日 喜阳，耐半阴

鸡冠花凭借它个性的花型以及亮丽的颜色吸引着人们的目光。它抗旱性强，耐高温，花期一直持续到秋季。鸡冠花喜阳，喜欢排水性好的土壤环境。其中，"和服"系列品种的株高约为20cm，是相对小型的品种。而"赤壁"则是株高约60cm的大型品种。另外，"赤壁"还可以欣赏到红叶的变化。

赤壁

和服（樱桃红）

和服（三文鱼色）

和服（金黄色）

和服（橙色）

金鱼草

耐寒性一年生草本植物 `草` "十四行诗"系列30～50cm；"跳跳糖"系列15～25cm `花` "十四行诗"系列3—6月，9—10月；"跳跳糖"系列4—6月，10—11月 `日` 喜阳

金鱼草可以适应的生长温度范围很广，是比较强健的植物。喜阳，喜欢排水性良好的土壤环境。团团簇拥的植株看起来很漂亮，适合用于花园的立体装饰。"跳跳糖"系列是新开发出来的矮生品种，具备匍匐性，在较浅的花盆里也能种植。

十四行诗（粉色）

十四行诗（玫瑰色）

跳跳糖（黄色）

十四行诗（白色）

跳跳糖（橙色）

其他

百日菊 "纽扣盒" 系列

菊科，一年生草本植物。

草 约40cm **花** 7—11月
日 喜阳

百日菊的 "纽扣盒" 系列是不易生病、可以经受得住盛夏炎热的强健品种。花期从夏季到秋季，比较长，可以定期追肥，确保开花。喜阳，喜透水透气良好的土壤。

黄色

樱桃红

红色

报春花（黄莺玫瑰）

多花报春（白色）

报春花

报春花科，耐寒性一年生草本植物。

草 20 ~ 60cm

花 夏季 **日** 喜阳

寒 中至强 **旱** 强

报春花的颜色非常齐全，无论是作为秋冬季节花园的主角还是配角，都很合适。喜阳，喜透水透气良好的土壤。在温暖的地能够越冬。花期较长，可以定期追肥，长期观赏。

冬天养花的乐趣

和节日同步的花园装扮

秋天过去，冬天到来，这一段时间正是节日扎堆的时候。左图的装饰花圈是由深红三色堇、平铺白珠树的果子以及白色的甜味香雪球组成的，既符合圣诞节的气氛，又很适合做新年装饰。周围的杂物也可以花点小心思，给它们 "打扮打扮"，节日气氛会更加浓厚，自己心情也会变好。

黄色

橙色

波斯菊"校园"系列

草 约100cm

花 10—11月　日 喜阳

　　菊科，一年生草本植物。
　　波斯菊是装点秋天花坛、公园的代表性花卉植物。花期持续到深秋。相对比较强健，不挑土质。养护要点为：定期追肥，并且保持光照良好、土壤透水性好的环境。

深红色

伏胁花

草 约10cm　花 5—11月

日 喜阳

　　伏胁花，玄参科，不耐寒性多年生草本植物，又名黄花过长沙舅。花期从春天到晚秋，对气候适应能力强，不易生病，是比较好养活的品种。观察花期中植株的状态，适当地施液肥。黄色的小花和绿色的叶片形成了鲜明对比，容易"溢出"盆外而群生，也称"爆盆"。喜阳，喜透水透气良好的土壤。

千日红

草 紫红色系约50cm；白色系20～30cm

花 7—11月　日 喜阳

　　苋科，一年生草本植物。

　　小球状的千日红十分可爱，是深受欢迎的切花及制作干花的素材。喜阳，喜透水透气良好的土壤，尽量保持干燥环境有利于其生长。从夏天一直到霜

紫红色

降都是它的花期，可以在适当的时候追肥。

白色

排列组合的乐趣：
美植 × 美器

利用不同花盆，可以改变植物的气质。在此介绍一些植物与花盆组合的实际例子。

优雅范儿
CHIC STYLE

佐塚小姐的家

佐塚小姐家里的阳台充满优雅的味道，适合摆放复古装饰品。各种花盆也很独特有个性。

A. 铁线莲搭配古董鸟笼。再加上符合气氛的架子，大朵大朵的铁线莲垂下来，看上去仿佛浮在半空之中。

B. 白斑玉露搭配铁花盆。具有厚重感的铁质花盆，与白斑玉露的透明感之间对比鲜明。

C. 白底蓝纹瓷盆搭配彩叶植物。有着经典花纹的瓷盆与独特颜色的彩叶植物简直是绝配。

简洁自然风
SIMPLE & NATURAL STYLE

kanekyu 金久园艺商店

像"kanekyu金久"这类的园艺商店，每个季节都会推出各种各样的混栽方案，提供各类花苗以及各式园艺用品，以满足不同园艺爱好者的喜好。

D. 篮子搭配三色堇。就像是把野生植物直接挪进了篮子里，别出心裁。

E. 简约方盆搭配多肉植物。冷色调的简洁方形花盆衬托出多肉们的可爱独特。

F. 带有logo（徽标）的铁皮水桶搭配彩叶植物的混栽。将各种彩叶植物在铁皮桶里进行组合混栽，营造出一种随性的感觉。

　　习惯了每日对植物的照料之后，可以尝试园艺新玩法，使自己的小空间更加丰富。

　　混栽就是很好的方法，一个容器内有着各种各样的植物，显得内容丰富并且具有层次感。

　　另外，种花不只是将花摆进花盆这么简单，你还可以利用花盆架或者台阶、地面来设计整体的氛围，使得整个空间更有格调。

　　自己动手一点一点地创造一个属于自己的放松休闲空间，并享受这个过程吧！

PART 6
享受园艺进阶的乐趣：
造园高手

STEP UP

一起来挑战混栽

掌握更多的园艺知识之后，可以挑战一下混栽。
阳台里只要有一个混栽盆，整个格调都会有所提升。

POINT 1
株高、形态

每种植物的株高、枝叶伸展以及花开的形态都有所差异，而混栽需要考虑的便是如何抓住各植物特征来进行组合设计。常见的有两种混栽模式，株高大致相同的品种放在一起的混栽，以及高低错落有致、充满立体感的混栽。后者需要将做主角的植物放在盆中心，设计好主角与配角之间的搭配，使得配角能够起到突出主角的作用。

虽然混栽充满乐趣，但是选择合适的植物并不是那么容易。首先可以从模仿开始找找感觉。

混栽想要成功，选择正确的植物至关重要。组合时还需注意植物的株高、所处环境、各自颜色等条件。

POINT 2
颜色搭配

花草的颜色搭配是混栽品位的集中体现。最好把容器的颜色与设计也考虑进去。犹豫着不知道该选哪些植物进行搭配时，可以将同一个色系的颜色深浅不一样的植物放在一起。或者选用三种左右的颜色来进行搭配，选择上会更容易些。

POINT 3
掌握已选植物的特性

既然要种在同一个盆里，那么所选植物对于光照、水分等条件的要求应该是大致无异的。应该选择习性相近的植物进行混栽。另外，如果混栽里有一年生草本植物的话，其枯萎死亡之后可以换新的植物补位，又是一番新的面貌。不过，如果觉得麻烦，可以选择地上部分不会枯萎的多年生草本植物混栽在一起。

来吧，一起玩混栽

【必备之物】

容器、底网（覆盖在花盆底孔之上，防止漏土以及害虫进入）、盆底小石头（提高透气性、排水性）、小铲子、专用土、植物。

1 将底网放置在花盆底孔之上。

2 在花盆底部放置小石头，装满花盆的1/3。

3 将混合好基肥的泥土填入花盆内，考虑植株与容器的大小，先放入一部分。

4 把这几株植物整个带盆地放入混栽的大花盆里面，观察整体是否协调。

5 将植株从塑料盆中分离出来，尽量不破坏根部与泥土原有状态。如果植物根部过于发达，可以松松根。

6 种植过程中，不断调整植株的方向与花盆正面相配合。

7 填土，将植株的间隙全部填满。

8 考虑到浇水等因素，泥土的高度应该比花盆边缘低1～1.5cm。

ARRANGE IDEA

让混栽更好看的容器

辛辛苦苦做好了混栽，当然希望它能更好地起到装饰的作用。例如右图的花环形、垂吊型的篮子可以挂在墙面上，或者悬吊在半空中。充分利用阳台有限的空间，从房间内部朝外望去时，会发现外面的景色变得更美了。

9 种好之后大量浇水，直到底孔有水流出。

秋冬季节开花的植物不如春夏那
么多，正因为如此，三色堇便更显珍
贵。小巧可爱，颜色丰富等都是三色
堇深受喜爱的理由。与其他植物进行
组合，可以打造出或可爱或酷的风格。
本节为大家简单介绍以三色堇为主角
的混栽作品。

ARRANGEMENT 1

运用三色堇以及羽衣甘蓝
所做的漂亮花环

两种颜色的三色堇搭配羽衣甘蓝
构成了紫色的深浅变化，很有冬天的
感觉。深色的三叶草与米色的报春花
的组合让人眼前一亮。串联起这么多
花儿的是小叶子的藤蔓植物，给整个
花环增加了动感，显得可爱动人。

PRIMULA

VIOLA

CLOVER

PLANTS LIST

1. 三色堇（粉色）
2. 三色堇（薰衣草粉色）
3. 羽衣甘蓝
4. 报春花·朱利安（白色）
5. 筋骨草
6. 常春藤
7. 黑叶车轴草
8. 银瀑马蹄金
9. 美洲犬堇菜
10. 小叶蜡菊
11. 地锦

HEUCHERA

VIOLA

PRIMULA

紧凑的冷色调混栽

　　百可花叶子的黄绿色让人眼前一亮，矾根瑞弗安的叶子泛着银白色。这是一个以绿色的彩叶植物为基础的混栽作品，有着许多不同种类的绿叶。作为主角的白色三色堇凭借着它那皎洁的白吸引着人们的眼球，而从各种植物之中冒出来"抢镜"的则是黑麦冬。

ARRANGEMENT 2

PLANTS LIST

1. 三色堇（白色）
2. 三色堇（白＋黑）
3. 报春花·朱利安
4. 百可花
5. 甜味香雪球
6. 矾根·瑞弗安
7. 黑麦冬

园艺用品升级啦

想要更好看的花园

选择园艺进阶的必备工具

只要对花盆等各种容器以及植物的背景环境多一点讲究，整体的美感就能够大大提升。为了能够更好地打造一个与室内有所区别的休憩场所，本书向你推荐以下各种园艺进阶用品。

只需要放上去就OK了！

吸引目光的白铁皮标牌

模仿招牌的设计，以数字和字母为主要内容的白铁皮标牌是非常好用的装饰材料之一。可以立在花盆背后，或者将几块组合起来做墙面装饰。

让阳台展现多重面貌的万能家具

附带围栏的长椅

这种多功能家具的箱子部分，盖上盖子可以收纳很多东西，打开盖子可以当作容器种花。围栏部分可以遮住光秃秃的墙壁。有了这样一款家具，阳台或者庭院的氛围会变得更加独特。这种家具分别有两种高度以及两种颜色可以选择。

可以隐藏花盆的"法宝"
花坛风格的栅栏

这是用圆木围成的栅栏，可以随自己心意进行调整。在这样的栅栏里放上一些较矮的植物，乍看之下仿佛成了真的花坛一样。

装饰有机器的角落
空调室外机罩

空调外机不仅占地方，还很显眼。而有了空调室外机罩就好办多了。图中的室外机罩的百叶窗方向朝下更有利于散热，因为热风是向上流动的。图中室外机罩的设置也考虑到了其与植物之间的关系。

隐藏墙面，打造自然风格
人造木花格

花格经常被用在花园的墙面上做装饰，或利用栏杆扶手固定，或直接插入泥土里固定。由于是人造木材，所以不会轻易腐烂，使用起来比较方便。

花盆里的装饰
园艺插牌

在花盆中插入漂亮的有设计感的插牌，可以提升整盆植物的美感。如果是图中简约的款式，可以在上面写上植物的品种名称。

你需要知道的基础园艺用语集

你是否有过将植物买回家之后，查找养护方法，却发现自己看不明白上面的专业词汇的经历呢？如果有的话，那么建议你先把这里的基础园艺用语掌握了之后，再开始你的园艺生活吧！

宿根植物

宿根植物是指地上部分在每年特定时期枯萎死亡，地下部分以萌蘖越冬或越夏后再度萌芽、生长、开花的多年生草本植物。

复合肥料

指通过化学合成混和配制成的含有氮、磷、钾三种元素中两种元素以上的肥料。不同的植物有不同的肥料配比，所以应当根据实际情况进行选择。

赤玉土

具备无菌、排水、保水、保肥、透气等优点，是园艺常用土。颗粒尺寸大小不一，可以根据实际用途进行选择。

剪枝

为植物定期修剪枝茎，起到促进植物生长、结果，或者修整株形的目的。

缓释肥

指营养成分缓慢释放并渗透于泥土中的肥料。也被称为"慢效性肥料"。

明亮的背阴处

不是在围墙或屋顶阴影中的完全遮阴，而是没有阳光直射的明亮之处。喜欢明亮的阴凉处环境的植物有很多。

速效肥料

立即见效的肥料。

回缩

将植物枝茎剪短至一定高度的修剪作业。可以给植物带来新生，促进新枝条的生长，还能改善透气性。

抗寒性

表示植物对寒冷的适应与抵抗能力。在越冬时，有些抗寒性差的植物需要移入室内打理。

一年生草本植物

在一年之内，从种子状态历经发芽、开花、结果、枯死等过程的植物。如果在植物枯死后留下种子并好好保管，那么来年还可以从播种开始重新种植这种植物。

背阴

朝北、屋顶下，或被墙壁包围的环境等暗处、阳光照射不到的地方。

徒长

植物枝茎不结实，发育过旺的现象。原因多种多样，包括光照不足、过于潮湿、种植过密等。

抗旱性

表示植物对高温的适应与抵抗能力。在阳台上如果有抗旱性差的植物，到了夏天要考虑更换放置场所，为帮助植物越夏可以通过洒水来降低周围的温度，放在花盆架上以改善通风等。

向阳

朝南，白天一直有阳光照射的地方。

摘残花

将枯萎的残花、花蒂摘下，不仅可以保持植物美观度，还可以预防病虫害的发生，是基本的养护方法之一。

匍匐性植物

茎平卧在地上生长，不断向外伸展扩张的植物。

多年生草本植物

能存活数年的草本植物。尤其是常绿多年生草本植物，因为全年都能保持常绿，所以是庭院绿化中不可缺少的植物。而地上部分每年死亡的称为"宿根植物"。

基肥

播种和种植植物时，为了补充土壤的营养成分而施用的肥料。多为缓释肥。

半阴

白天时间内只有几个小时有阳光照射的地方。
※也有人将其等同于"明亮的背阴处"这一概念。

追肥

当基肥的营养成分不足时所补充的肥料。

侧芽

在分枝的中部或者叶腋部位长出的芽。

摘心

在一定的时期人工对植物的顶芽进行摘取，以达到促进花芽分化等目的。

侧芽生长，有利于增加开花和结果的数量，使得植物生长更加旺盛。

应该去哪里购买
植物和园艺用品呢

园艺新手的
购物指南

当你萌生了想要种植花草的想法时，你可以先去实体店感受一下。虽然一开始有可能还不知道自己想种什么样的花草，但是通过与专业人士的交谈，相信你会慢慢形成自己的具体想法。剩下的就是实践了。不断积累经验，创造出自己的小花园吧。

第一次购买植物

附近的花店

第一次购买植物，最推荐的是到附近的花店选购。特别是气候和环境比较特殊的地区内植物品种相对较少，所以最好是到当地园艺商店选购。对于新手来说，店主的建议应该都是有所帮助的。首先，不妨先试着购买一种比较实惠的植物。另外，各种花盆、小铲、泥土等园艺用品加起来的重量不容小觑，所以从这一点上来说，离得越近越方便。

开启时髦的园艺生活

园艺商店

园艺商店总是吸引着许多人在工作之余、平时路过的时候顺便进去看看。在这里，你可以找得到当下流行的各种植物，让人们对心目中美好的园艺生活有了更多的向往。花盆和铲子等用品也会有各种与众不同的设计。另外，最近在花店里也能买到很多植物和杂货。你也可以试一下先买一个简单的花盆，然后再自行涂上油漆进行设计，享受原创的乐趣。

入手已经选好的植物

各类植物专卖店

最近，多肉植物，特别是仙人掌，以及观叶植物等大受欢迎。如果你只对特定的植物感兴趣的话，建议可以直接去这类植物的专卖店。这一类专卖店同类植物的品种和周边商品十分齐全，店主一般都有丰富的专业知识，可以与店主交流过后，选择自己最喜欢的品种。

以更广阔的视野来看，可以实现与苗农直接对接的商店更具吸引力。在这样的商店，不仅能够买到一般小店里买不到的大型植物或者稀有品种，价格也较为实惠。

便利的网购

网上商城

现在，很多人都在使用网络购物。在园艺领域使用网络购物的最大优点是，你可以在网上直接搜索在书里或者其他地方看到的植物品种。其他的优点还包括可以买得到在实体店里没有的时髦园艺用品，花盆、泥土等比较重的东西可以享受送货上门服务等。

另一方面，网上购物也有不少缺点。比如，网上购物无法当面确认每种植物的状态。虽然有的商铺会贴出植物最新的照片，配以说明。如果仍然对此感到担心的话，最好选择能够随时提供所订购的植物最新照片的商家，寻找自己愿意相信的商店吧。

另外，在发货时，由于不能像衣服等其他物品一样包裹好放进纸箱里，所以运费比较高。购买树木等高大植物，所需要的包装箱也比较大，运费有可能成比例地上升。所以，最好在预算中把运费一项也纳入考虑后再做决定吧。

想要一次性买齐所需的园艺用品

家居用品商店

在占地面积较大的家居用品商店中，经常能看到花苗和树木摆得满满当当的角落。而且除了植物之外，还有花格篱笆、砖头等发挥创意所需的材料，其他工具也一应俱全，非常适合打算进行阳台大改造的人。

一般这样的商店内都有咖啡厅、餐厅等，在这儿花上一天时间来制订园艺计划或许也是个不错的选择。

图书在版编目（CIP）数据

我是园艺高手：阳台小花园创意改造记/日本FG武
藏著；黄慧敏译. —北京：中国农业出版社，2021.6
（园艺·家）
ISBN 978-7-109-28334-3

Ⅰ.①我… Ⅱ.①日… ②黄… Ⅲ.①阳台-观赏园
艺 Ⅳ.①S68

中国版本图书馆CIP数据核字（2021）第109435号

WO SHI YUANYI GAOSHOU YANGTAI XIAO HUAYUAN CHUANGYI GAIZAO JI

中国农业出版社出版
地址：北京市朝阳区麦子店街18号楼
邮编：100125
责任编辑：黄 曦 文字编辑：黎 岳
版式设计：王 晨 责任校对：吴丽婷 责任印制：王 宏
印刷：北京缤索印刷有限公司
版次：2022年6月第1版
印次：2022年6月北京第1次印刷
发行：新华书店北京发行所
开本：700mm×1000mm 1/16
印张：5.75
字数：120千字
定价：48.00元

*HITOHACHI KARA HAJIMARU PETIT
GARDENING*

Copyright © FG MUSASHI Co., Ltd., 2017
All rights reserved.

Original Japanese edition published by FG
MUSASHI Co., Ltd.

Simplified Chinese translation copyright ©
2022 by China Agriculture Press Co., Ltd.,

This Simplified Chinese edition published
by arrangement with FG MUSASHI Co., Ltd.,

Tokyo, through HonnoKizuna, Inc., Tokyo,
and Beijing Kareka Consultation Center